BEI GRIN MACHT SICH IHR WISSEN BEZAHLT

- Wir veröffentlichen Ihre Hausarbeit, Bachelor- und Masterarbeit

- Ihr eigenes eBook und Buch - weltweit in allen wichtigen Shops

- Verdienen Sie an jedem Verkauf

Jetzt bei www.GRIN.com hochladen und kostenlos publizieren

Cindy Kushmann

Entwicklung von Längenvorstellungen im jahrgangsgemischten Unterricht durch Stützpunktwissen

GRIN Verlag

Bibliografische Information der Deutschen Nationalbibliothek:

Die Deutsche Bibliothek verzeichnet diese Publikation in der Deutschen National-
bibliografie; detaillierte bibliografische Daten sind im Internet über http://dnb.d-
nb.de/ abrufbar.

Impressum:

Copyright © 2012 GRIN Verlag GmbH
Druck und Bindung: Books on Demand GmbH, Norderstedt Germany
ISBN: 978-3-656-38691-9

Dieses Buch bei GRIN:

http://www.grin.com/de/e-book/210148/entwicklung-von-laengenvorstellungen-
im-jahrgangsgemischten-unterricht

GRIN - Your knowledge has value

Der GRIN Verlag publiziert seit 1998 wissenschaftliche Arbeiten von Studenten, Hochschullehrern und anderen Akademikern als eBook und gedrucktes Buch. Die Verlagswebsite www.grin.com ist die ideale Plattform zur Veröffentlichung von Hausarbeiten, Abschlussarbeiten, wissenschaftlichen Aufsätzen, Dissertationen und Fachbüchern.

Besuchen Sie uns im Internet:

http://www.grin.com/

http://www.facebook.com/grincom

http://www.twitter.com/grin_com

Schriftliche Prüfungsarbeit

zur Zweiten Staatsprüfung

für das Amt des Lehrers

Auswahl und Einsatz von Stützpunktwissen bei der Entwicklung von Längenvorstellungen im jahrgangsgemischten Unterricht, dargestellt an der Unterrichtseinheit zu Längen in der Schulanfangsphase der Peter-Witte-Grundschule

Vorgelegt von

Lehramtsanwärterin Cindy Kushmann

im 2. Schulpraktischen Seminar im Bezirk Reinickendorf (L)

und an der Peter-Witte-Grundschule

Berlin, den 22. 02. 2012

Inhalt

*Was für uns banale Gewohnheiten sind, werden fundamentale Entdeckungen,
wenn wir es bei Jüngeren, weniger Routinierten entstehen sehen.*

(Freudenthal, 1978, S. 74)

Einleitung

Jahrgangsgemischte Klassen sind „*IN*".

Kinder lernen am meisten von ihren älteren Mitschülerinnen und Mitschülern. Die wiederum entwickeln ihre Kompetenzen, indem sie die Fragen der Lernanfängerinnen und Lernanfänger beantworten bzw. ihnen etwas erklären. Denn „Erklären ist Wiederholen, Üben und Anwenden – ein Lernen auf höherer Ebene"[1]. Der Alltag jedoch sieht oft anders aus.

Zahlreiche Hospitationen zeigten mir, dass Unterricht in der jahrgangsgemischten Schulanfangsphase leider sehr häufig in jahrgangshomogenen Teilungsgruppen stattfindet. Die Begründung hierfür liegt in den Themenfeldern des Rahmenlehrplans. Denn nicht alle lassen sich so aufbereiten, dass Schülerinnen und Schüler des ersten und zweiten Schulbesuchsjahres gleichzeitig daran arbeiten können. Die Ratlosigkeit des Kollegiums ist deutlich spürbar. Auch ich als Lehramtsanwärterin stehe vor dieser Herausforderung. Mein Anliegen liegt besonders darin, möglichst oft beide Jahrgangsgruppen gleichzeitig zu einem Lerngegenstand zu unterrichten, um auf diese Weise das Potenzial, welches diese große Heterogenität mit sich bringt, nutzen zu können. Daher suchte ich für meine Arbeit nach einer Alternative, einem Themenfeld, das sich gut für die gesamte Klasse umsetzen lässt – und fand den Themenkomplex *Größen und Messen, der* sehr geeignet schien für die Entwicklung einer entsprechenden Unterrichtsreihe.

Das erste Kapitel der vorliegenden Arbeit begründet die Themenwahl und stellt den Bezug zum Berliner Rahmenlehrplan her.

Im Anschluss folgen die Klärung der Begriffe „Stützpunktwissen", „Längenvorstellung" und „jahrgangsgemischter Unterricht", ein kurzer Einblick in die curricularen Fundamente, die Darstellung der fachdidaktischen Positionen zur Entwicklung der Größenvorstellung sowie die Beschreibung und Begründung ausgewählter Inhalte. Danach gebe ich einen Überblick über die allgemeinen Unterrichtsvoraussetzungen und stelle die Lerngruppe vor. Daraus leite ich Konsequenzen für meinen Unterricht ab und stelle Hypothesen für die Einheit auf.

Im fünften Kapitel erläutere ich meine Unterrichtseinheit unter didaktisch-methodischen Aspekten. Dem schließt sich einerseits die Beschreibung ausgewählter Unterrichtssituationen an, die Gesamtreflexion andererseits bildet, unter Einbeziehung der Zielvorstellungen, den Abschluss meiner Arbeit.

---

[1] Herzig; Lange 2006, S. 12.

1 Thematische Begründung

1.1 Begründung der Stoffauswahl

Auslöser für meine Themenwahl war die Situation in einer Sportstunde, in der die Schülerinnen und Schüler der Klasse A2 verschiedene Erfahrungen im Umgang mit dem Ball sammelten. Auf dem Weg zum Balldiplom durchliefen sie eine Wurfschulung, wobei es zu folgender Situation kam: Ein Schüler warf den Ball sehr weit und bekam von der ganzen Klasse Beifall. „Das sind ja bestimmt über 100 Meter!", sagte ein Schüler. „So 'n Quatsch, 100 Meter kann man ja gar nicht werfen. Das ist viel zu viel", sagte ein anderer Mitschüler. Das machte mich neugierig und ich fragte mich, was Schüler in der Schulanfangsphase wohl für eine Vorstellung von Größen haben.

Da es in der Mathematikdidaktik viele Studien über das Vorwissen von Grundschulkindern in Bereichen der Arithmetik gibt, jedoch nur eine geringe Anzahl im Bereich *Größen und Messen*, insbesondere im Bereich der Längenkonzepte[2] bei Kindern, entschied ich mich, dies zum Thema der vorliegenden Arbeit zu machen.

Gerade der Größenbereich *Längen* nimmt bei Kindern eine besondere Rolle ein. Denn hier haben sie häufig die meisten außerschulischen Erfahrungen gesammelt. Schon im Kindergarten vergleichen sie ihre Körpergrößen miteinander und auch bei den regelmäßigen Vorsorgeuntersuchungen können sie beobachten, dass sie gemessen werden und die Länge ihres Körpers genau festgehalten wird.
Zudem wird ihnen durch die ständig zunehmende Kleider- und Schuhgröße ihr eigenes Wachstum bewusst. Besonders in der heutigen Zeit, in der viele Familien – beispielsweise bedingt durch die Arbeitssituation – getrennt von den Großeltern leben, spielen Entfernungen für Kinder eine immer größere Rolle. Welches Kind hat noch nicht die Frage gestellt: „Ist es noch weit?"[3]

1.2 Bezug zum Berliner Rahmenlehrplan

Die Größe *Längen* ist im *Rahmenlehrplan Grundschule: Mathematik* im Themenfeld *Größen und Messen* verankert. Neben dem praktischen Messen spielt besonders das gedankliche Messen eine große Rolle. Durch den handelnden Umgang mit Objekten aus

---

[2] Vgl. Nührenbörger 2002, S. 1.
[3] Vgl. Peter-Koop 2011, S. 4.

der Umwelt der Schülerinnen und Schüler sollen sie „vielfältige inhaltsreiche Vorstellungen von Repräsentanten"[4] der jeweiligen Größe erwerben.

Die vorliegende Unterrichtseinheit orientiert sich an den im *Rahmenlehrplan Grundschule: Mathematik* festgelegten Anforderungen und Kompetenzen. Zum einen fördert sie inhaltsbezogene mathematische Kompetenzen, wie Größenvorstellungen besitzen und mit Größen in Sachsituationen umgehen. Die Schülerinnen und Schüler sollen Standardeinheiten der Größe *Längen* kennen, Größen vergleichen, ordnen, schätzen und messen. Zudem sollen sie Repräsentanten für diese Standardeinheiten kennen, die im Alltag wichtig sind. Auch das Umwandeln von Größenangaben stellt einen wichtigen Punkt im Themenfeld dar. Ebenso soll das sachgerechte Messen mit unterschiedlichen Messinstrumenten und geeigneten Einheiten geschult werden.[5]

Zum anderen fördert die Unterrichtseinheit die Entwicklung allgemeiner mathematischer Kompetenzen. Die Schülerinnen und Schüler der verschiedenen Altersklassen sind dazu angehalten, beim Beschreiben ihrer Gedankengänge – unter anderem beim Lösen von Aufgaben – miteinander zu kommunizieren sowie ihre Lösungswege argumentativ zu unterstützen.

2 Theoretische Ausführungen

2.1 Begriffsklärungen

2.1.1 Klärung des Begriffs „Stützpunktwissen"

Stützpunktwissen oder auch *Stützpunktvorstellungen* sind verinnerlichte Vergleichsgrößen, Repräsentanten aus der Erfahrungswelt der Schülerinnen und Schüler. Sie haben eine Schlüsselfunktion bei der Entwicklung von Größenvorstellungen, sie sind die Voraussetzung für das Schätzen in Alltagssituationen[6] sowie für die Anwendung der Mathematik im Allgemeinen.[7] Einmal fester Bestandteil im Gedankengut der Schülerinnen und Schüler, können sie als mentale Ersatzwerkzeuge dienen, um die Größe eines Objekts schätzend zu bestimmen.[8] Der Aufbau und die Entwicklung von grundlegenden Stützpunkten sind ausschlaggebend für die Qualität des Schätzens. Der

---

[4] Vgl. Berliner Rahmenlehrplan Grundschule: Mathematik 2004, S. 30.
[5] Vgl. Beschlüsse der Kultusministerkonferenz 2004, S. 11.
[6] Vgl. Peter-Koop 2001, S. 7.
[7] Vgl. Grund 1992, S. 43.
[8] Vgl. Schipper; Dröge; Ebeling 2000, S. 211.

Aufbau soll nach WINTER zentrales Unterrichtsziel sein und orientiert sich an dem Zusammenspiel von konkreten Messprozessen und verinnerlichten Messerfahrungen.[9]

Es gibt drei Arten von Stützpunktwissen: gegenständlich (Tür), körpereigen (Schritt) und konventionell (Lineal).[10]

2.1.2 Klärung des Begriffs „Längenvorstellung"

Unter dem Begriff *Längenvorstellung* wird die mentale Darstellung über Repräsentanten der Größe *Längen* verstanden.[11] In der Literatur werden zwei Kategorien aufgezeigt: Zum einen gibt es die *unmittelbaren Längenvorstellungen*, die durch situative materielle Handlungen dargestellt werden, wie zum Beispiel ein Zentimeter mit der Daumenbreite eines Kindes oder ein Meter mit einem großen Schritt. Zum anderen gibt es die *mittelbaren Längenvorstellungen*, die auf der sprachlich-symbolischen Ebene beschrieben werden: Ein Kilometer kann nicht einfach so dargestellt, jedoch sprachlich umschrieben werden (z. B. die Entfernung von der Schule zum Bahnhof[12]).

2.1.3 Klärung des Begriffs „jahrgangsgemischter Unterricht"

Das Prinzip der Jahrgangsmischung ist nahezu 100 Jahre alt! Bereits MARIA MONTESSORI, PETER PETERSEN sowie CÉLESTIN FREINET waren der Meinung, dass die optimale Entwicklung eines Kindes unter anderem durch die Jahrgangsmischung gewährleistet werden kann.[13] Mit dem Begriff ist das Zusammenlegen der Klassen 1 und 2 in eine heterogene Lerngruppe gemeint. Angelehnt an den konstruktivistischen Lernbegriff sollen Schülerinnen und Schüler ihr Wissen, welches sie in vielfältigen Erfahrungen gesammelt haben, stets neu konstruieren. Dabei steht die eigenverantwortliche Auseinandersetzung mit den Lerninhalten im Vordergrund. Die Verschiedenheit der Kinder ist der Motor für soziales und sachbezogenes Lernen. Sie regen sich wechselseitig an, helfen sich gegenseitig und entwickeln besonders ihre Sozial- und personale Kompetenz.[14]

---

[9] Vgl. Köller u.a. 2007, S. 94.
[10] Vgl. Nührenbörger 2002, S. 49.
[11] Vgl. Grund 1992, S. 42.
[12] Vgl. Nührenbörger 2002, S. 41.
[13] Vgl. Herzig; Lange 2006, S. 19.
[14] http://www.isb.bayern.de/isb/download.aspx?DownloadFileID=64bc1082e7f40db11a425b7eacc969a5; letzter Zugriff am 28. 01. 2012 um 23:17 Uhr.

2.2 Curriculare Fundamente

Das schulinterne Curriculum der Peter-Witte-Grundschule ist auf der Grundlage der Berliner Rahmenlehrpläne gestaltet. Es umfasst neben themenorientierten und Jahrgangsstufenplänen unter anderem auch die Fachpläne der Fachkonferenzen. In der Schulanfangsphase haben die Lehrerinnen in Anlehnung an den *Rahmenlehrplan Grundschule: Mathematik* als gemeinsame Arbeitsgrundlage Mindeststandards für das zweite Schulbesuchsjahr festgelegt. Im Bereich *Größen und Messen* sind in Hinblick auf das Thema der vorliegenden Arbeit zwei Schwerpunkte als Zielsetzung vermerkt: Zum Übergang in die 3. Klasse kennen Schülerinnen und Schüler typische Repräsentanten der Größe *Längen* (cm, m) und sind in der Lage, Längen zu schätzen, zu messen und zu zeichnen.

2.3 Fachdidaktische Positionen zur Entwicklung der Größenvorstellung

Damit Schülerinnen und Schüler in der Lage sind, beispielsweise beim Lösen von Sachaufgaben „unsinnige" Ergebnisse kritisch zu reflektieren, ist eine Vorstellung über diese Größe vorausgesetzt. Die Entwicklung dieser Vorstellung ist eines der grundlegenden Anliegen der Grundschulmathematik. In der Literatur findet sich immer wieder eine Stufenabfolge für das Einführen der ersten Einheit einer Größe wieder, die dem Abstraktionsprozess zugrunde liegt und „den kulturhistorischen Entwicklungsprozess im Laufe der Menschheitsgeschichte widerspiegelt"[15]. Diese didaktische Stufenfolge wird in der Literatur oft leicht abgewandelt.[16] Die immer wiederkehrenden und teilweise auch in aktuellen Schulbüchern vertretenen Stufen sind folgende:

1. Erfahrungen in Sach- und Spielsituationen sammeln,
2. direktes Vergleichen von Repräsentanten einer Größe,
3. indirektes Vergleichen mithilfe von selbst gewählten Maßeinheiten,
4. indirektes Vergleichen mithilfe von standardisierten Maßeinheiten, Messen mit verschiedenen Messgeräten,
5. Umrechnen: Verfeinern und Vergröbern der Maßeinheiten,
6. Rechnen mit Größen.[17]

Neben FRANKE, WINTER und anderen Fachdidaktikern kritisiert NÜHRENBÖRGER diesen „kleinschrittigen, formalisierten und nach Schwierigkeiten isolierten Lehrgang"[18] mit der

---

[15] Franke 2003, S. 195.
[16] Vgl. Radatz/Schipper/Dröge/Ebeling 1998, S. 170.
[17] Vgl. Franke 2003, S. 201.

Begründung, dass die Erfahrungen der Schülerinnen und Schüler über Messinstrumente und standardisierte Einheiten nicht ausreichend berücksichtigt werden.

2.4 Beschreibung und Begründung ausgewählter Inhalte

Entgegen den durchaus auch für mich nachvollziehbaren Erläuterungen NÜHRENBÖRGERS, habe ich mich bei meiner Unterrichtseinheit dennoch für die klassische Stufenfolge entschieden. Grund hierfür waren die Ergebnisse der Lernausgangslage, die mir zeigten, dass bei dem Großteil der altersgemischten Lerngruppe nur ein geringes Vorwissen über standardisierte Maßeinheiten, den Umgang mit Messinstrumenten sowie die Größe *Längen* bestand. Darüber hinaus liegt der Schwerpunkt meiner Arbeit auf der Entwicklung der Längenvorstellung, die auf der Verwendung von Stützpunktwissen basiert, sodass ich die Notwendigkeit darin gesehen habe, zunächst mit nicht standardisierten körpereigenen Maßeinheiten zu beginnen. Während der gesamten Unterrichtseinheit wird der Bezug zu den eigenen Körpermaßen immer wieder hergestellt. Ich habe mich für den Aufbau des folgenden Stützpunktwissens entschieden:

Körpereigene Stützpunkte
Daumenbreite = 1 cm
Fingerspanne = 10 cm
großer Schritt = 1 m

Körpermaße als Vergleichsmaße zu kennen, halte ich für grundlegend. Neben diesen drei Körpermaßen gibt es selbstverständlich noch andere, wie zum Beispiel die Armspanne, die Ellenlänge und die Fußlänge, doch deren Längen, angegeben in der Maßeinheit *Zentimeter*, sind in meinen Augen nicht prägnant genug für die Weiterarbeit mit vor allem konventionellen Messinstrumenten. Die ausgewählten Maße basieren sichtbar auf unserem dezimalen Zahlensystem. Das Umwandeln in eine andere Einheit ist einfacher (10 Daumenbreiten = 1 Fingerspanne; 10 Fingerspannen = 1 Schritt). Wenn ein Meter in der Einheit *Fuß* angegeben werden soll, müssen zwei Einheiten miteinander kombiniert werden, da die Fußlänge bei Kindern in der Regel 30 Zentimeter misst (1 m = 3 Fuß und 1 Fingerspanne).

Des Weiteren ist mir bewusst, dass die Fingerspanne zu Verwirrungen führen kann, da es manchen Schülerinnen und Schülern schwerfällt, die Linearität der Längenmessung zu fokussieren. Sie sehen dann die Fingerspanne fälschlicherweise als Fläche. Dennoch bin ich davon überzeugt, dass dieses Körpermaß insofern geeignet ist, da es in

---

[18] Nührenbörger 2002, S. 95.

„Daumenbreiten" verfeinert werden kann. Das kann für das spätere Umwandeln von standardisierten Einheiten nützlich sein.

Für die Überprüfung der Schätzwerte mit einem standardisierten Messinstrument legte ich den Fokus auf die Verwendung eines Lineals und eines Gliedermaßstabs. Neben dem identischen Aufbau der Skala unterscheiden sich beide Messinstrumente in der Sichtbarkeit des Nullpunktes. Beim Lineal ist dieser deutlich gekennzeichnet, beim Gliedermaßstab allerdings durch die Metallklammer verdeckt. Dadurch wird den Schülerinnen und Schülern die Vorgehensweise beim Messen verdeutlicht:
1. Suche den Nullpunkt. 2. Lege am Nullpunkt an. 3. Lies das Ergebnis am Ende ab.
Des Weiteren habe ich mich für die Einheiten *Zentimeter* und *Meter* entschieden und mich damit an der Arbeitsgrundlage der Fachkonferenz orientiert.

3   Bedingungsfeldanalyse

3.1   Allgemeine Unterrichtsvoraussetzungen

Die Peter-Witte-Grundschule ist seit 2004 eine gebundene Ganztagsschule, in der die Klassen 1 und 2 in einer flexiblen Schulanfangsphase vereint sind. Ich unterrichte die Klasse A2 seit Beginn des Schuljahres 2011/12 in den Fächern Mathematik sowie Sport. Obwohl in der Schule etwa 26 % der Lernenden nicht deutscher Herkunft sind, können in dieser Klasse alle Deutsch verstehen sowie sich auch in dieser Sprache verständigen. Insgesamt besteht die Klasse aus 25 Schülerinnen und Schülern: 14 im ersten Schulbesuchsjahr (sechs Mädchen, acht Jungen) und elf im zweiten Schulbesuchsjahr (acht Mädchen, drei Jungen).

Das Leistungsniveau dieser Klasse ist stark heterogen, was u. a. auch durch die Jahrgangsmischung bedingt ist. Gerade den Lernanfängern fehlen teilweise die Geduld sowie die Fähigkeit, sich auch nur für kurze Zeit auf eine Aufgabe zu konzentrieren. Doch auch bei den Schülern des zweiten Schulbesuchsjahres gibt es einige, die sich leicht ablenken lassen und somit in einem lehrerzentriertem Unterricht schnell den Anschluss verlieren. Aufgrund dieser Bedingungen bieten sich in der Lerngruppe offene Unterrichtsmethoden an wie Lernwerkstätten, Stationenlernen u. a.

Die mündliche Mitarbeit ist im Allgemeinen sehr gut, da der größte Teil der Klasse motiviert ist und am Unterrichtsgeschehen stets aktiv teilnimmt. Im schriftlichen Bereich

sind die Schülerinnen und Schüler an ihre Lese- und Schreibkompetenz gebunden, die auch bei den fortgeschrittenen Lernern noch zu Schwierigkeiten führt. Somit ist die Geschwindigkeit beim Bearbeiten schriftlicher Arbeitsaufträge bei dem Großteil der Klasse sehr gering. Auf diese Unterschiede wird häufig mit qualitativ differenziertem Material sowie quantitativer Differenzierung eingegangen.

Um die individuellen Lernvoraussetzungen besser berücksichtigen zu können, wurden zusätzlich Lernpatenschaften eingeführt. Jeder Lernanfänger hat eine Mitschülerin oder einen Mitschüler des zweiten Schulbesuchsjahres als Patentante oder -onkel, die oder der bei Fragen oder Schwierigkeiten die erste Ansprechperson ist. Deswegen werden bereits seit Schulbeginn Sozialformen wie Einzel- und Partnerarbeit praktiziert. Aufgrund der Gestaltung der Lernumgebung ist ihnen ebenfalls die gemeinschaftliche Arbeit in Gruppen vertraut. Es gibt fünf Tischgruppen, die verschiedene Farben haben. Jede Tischgruppe setzt sich aus drei einzelnen Tischen zusammen, was das Lern- und Sozialklima in meinen Augen begünstigt. Des Weiteren kennen die Schülerinnen und Schüler bereits das Arbeiten in einer Lernwerkstatt sowie das Stationenlernen als Unterrichtsmethoden.

3.2   Spezielle Lernvoraussetzungen – Lernstandserfassung

Um meine Unterrichtseinheit strukturiert gliedern zu können und darauf abzustimmen, welche Vorerfahrungen die Schülerinnen und Schüler zum Thema bereits mitbringen, führte ich einen Test mittels eines Diagnosebogens durch. Dieser überprüfte einerseits Bereiche, die ihnen bereits bekannt waren aus vorherigen Unterrichtssituationen oder auch außerschulischen Erlebnissen, wie das Vergleichen und Ordnen. Andererseits beinhaltete dieser Test neue Inhalte, wie das Schätzen der Länge bzw. Breite von Gegenständen, das Bestimmen der zugehörigen Einheit sowie das Messen mit einem Lineal.

Damit der Test vergleichbar bleiben konnte, wurde er für die unterschiedlichen Altersgruppen lediglich darin differenziert, dass der größte Teil der Lernanfänger sowie die Schülerinnen S. (3. Schulbesuchsjahr), L. und J. (2. Schulbesuchsjahr) alle abgebildeten Gegenstände auf einem Materialtisch bzw. im Raum anschauen und anfassen konnten. Den restlichen fortgeschrittenen Lernern sowie zwei Lernanfängern T. und F. stellte ich die Verwendung der Hilfen frei, sodass sie beim Verzicht der Anschauungsmittel bereits von der ikonischen Ebene abstrahieren mussten. Zudem

Rücksicht nehmend auf die Lesekompetenz, habe ich die Aufgabenstellung stets vorgelesen.

An der Überprüfung der Lernausgangslage nahmen 22 Schülerinnen und Schüler teil, zwölf Lernanfänger und zehn fortgeschrittene Lerner.

Bei der ersten Aufgabe zum Vergleichen und Ordnen haben alle Schülerinnen und Schüler die volle Punktzahl erreicht.

Die zweite Aufgabe verlangte von ihnen bereits die Kenntnis über eine gewisse Größenvorstellung. Sie sollten schätzen, wie breit die zusammengeklappte Tafel, wie breit und hoch die Tür und wie lang zwei Linien sind, die auf kariertem Papier gezeichnet waren. Die Linien waren jeweils zwei Kästchen und vier Kästchen lang.

Mehr als die Hälfte der Klasse (54 %) hat bei der zweiten Aufgabe null von fünf

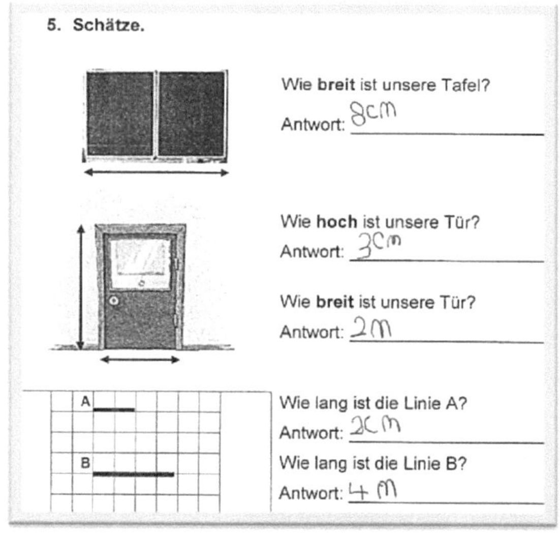

Punkten erreicht. Darunter sieben Lernanfänger und fünf fortgeschrittene Lerner.

Genau an dieser Stelle setzte meine Arbeit an, den Schülerinnen und Schülern also ein mentales Werkzeug in die Hand zu geben, um sich unter einer Größe auch etwas vorstellen zu können. Anzumerken ist hier, dass vorwiegend ältere Schüler bereits eine Einheit hinter die Maßzahl setzten, allerdings sichtbar ohne Kenntnis der jeweiligen Bedeutung.

Die vierte Aufgabe sollte mir Aufschluss über bereits bekannte Körpermaße geben. Auch hier zeigte mehr als die Hälfte der Klasse (63 %) gar keine Kenntnis der eigenen Körpermaße. Um hier den Fokus direkt auf die Maßzahl zu legen, habe ich die zugehörige Einheit bereits mit angegeben und hervorgehoben.

Dennoch haben neun von zwölf Lernanfängern und fünf von zehn Älteren null von drei Punkten erreicht. Das bestätigte meine Annahme, dass keine bzw. kaum körpereigene Stützpunkte verinnerlicht waren und somit das Schätzen der Größe

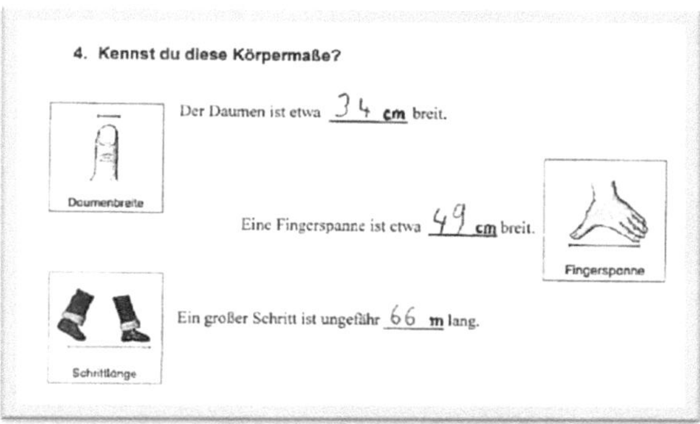

Längen viel eher durch sinnloses Raten ersetzt wurde.

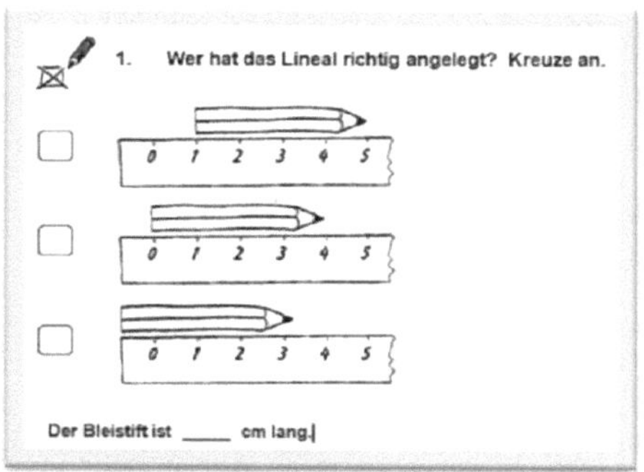

Mithilfe der letzten beiden Aufgaben wurde ersichtlich, dass der Umgang mit einem Lineal den Schülerinnen und Schüler beider Jahrgänge so gut wie unbekannt war. Lediglich ein Lernanfänger und zwei Fortgeschrittene haben erkannt, welche Abbildung den korrekten Messvorgang wiedergibt.

3.3 Unterrichtliche Konsequenzen

Die Ergebnisse der ersten Lernstandserhebung gaben mir einen Überblick über das Vorwissen meiner Schülerinnen und Schüler. Besonders deutlich ist geworden, dass ihnen das Angeben von Näherungswerten für die Größe eines bestimmten Gegenstandes so gut wie gar nicht gelingt. Der Grund hierfür könnten unzureichende Messerfahrungen sein sowie die fehlende Kenntnis der Bedeutung von Maßeinheiten. Aufgrund dessen legte ich gerade diesen Bereich als einen Schwerpunkt meiner Unterrichtseinheit fest.

Des Weiteren stellte sich heraus, dass den Schülerinnen und Schülern die Größe ihres eigenen Körpers sowie dessen Körperteile noch unbekannt waren, sodass ich für meine Einheit einen weiteren Schwerpunkt festlegte: das Vermessen des eigenen Körpers

mithilfe normierter Messinstrumente. Über dieses Wissen hinaus sollten anschließend die ausgewählten Stützpunkte erarbeitet und somit verinnerlicht werden.

Insgesamt kann ich für meine Konzeption der Unterrichtreihe darauf zurückgreifen, dass die Schülerinnen und Schüler dieser Klasse dem Thema *Längen schätzen und messen* mit großer Neugier gegenüberstehen. Ihr Interesse am Umgang mit unterschiedlichen Messinstrumenten unterstützt dieses Vorhaben. Um den Schwierigkeiten beim Lesen und Schreiben entgegenzuwirken, werden die einzelnen Unterrichtsthemen zum größten Teil in Partner- oder sogar in Gruppenarbeit bewältigt. Zudem fördert dies zusätzlich die Kommunikations- und Argumentationsfähigkeit.

4 Ziele

4.1 Hypothesen

Aufgrund der im vorherigen Kapitel beschriebenen allgemeinen, sachanalytischen sowie didaktischen Darstellungen, die es im weiteren Verlauf der Arbeit noch zu vertiefen gilt, entwickelte ich die folgenden hypothetischen Erwartungen im Hinblick auf mein Unterrichtvorhaben:
Die Schülerinnen und Schüler sollen darin gefördert werden, sich Stützpunktwissen anzueignen und dieses anzuwenden, um eine allmähliche Entwicklung der Längenvorstellung zu erreichen.

<u>Hypothese I</u>: *Kennen und verstehen der ausgewählten Stützpunkte*
Zunächst geht es um das Kennenlernen der ausgewählten Stützpunkte. Hierfür werden anhand konkreter Beispiele die ersten Messerfahrungen mit diesen körpereigenen Hilfsmitteln gesammelt. Sie sind in diesem Moment der Lerngegenstand. Je mehr Messerfahrungen die Lerngruppe mit den ausgewählten Körpermaßen macht, desto wahrscheinlicher ist die Verinnerlichung dieser Maße und desto sicherer ist es, dass sie als Stützpunkte abgespeichert werden. Später bildet das gespeicherte Wissen über die Körpermaße die Voraussetzung für das konkrete Anwenden dieser Maße im Prozess der Längenvorstellung.

<u>Hypothese II</u>: *Anwendung der Stützpunktvorstellungen*
Wenn die Schülerinnen und Schüler die ausgewählten Körpermaße verstanden und durch zahlreiche Messerfahrungen verinnerlicht haben, dann verwenden sie diese als

mentale Messinstrumente, um die unbekannte Länge eines Objekts annähernd anzugeben.

<u>Hypothese III</u>: *Überprüfung der Schätzung durch Anwendung konventioneller Messinstrumente*

Zunächst lernen die Schülerinnen und Schüler unterschiedliche standardisierte Messinstrumente und deren Skalen kennen. Mithilfe dieser Instrumentarien bestimmen sie die Größe der ausgewählten Körpermaße und geben die Werte in den normierten Einheiten *Zentimeter* und *Meter* an.

Um ihre Vorstellung der Größe eines Gegenstands zu überprüfen, messen sie zunächst mit dem gedachten Körpermaß nach, korrigieren dann gegebenenfalls das Ergebnis in der normierten Maßeinheit und messen anschließend mit dem Lineal oder Glieder- maßstab. Wenn das Messergebnis mit dem geschätzten Wert übereinstimmt, dann haben die Schülerinnen und Schüler die ausgewählten Körpermaße verinnerlicht und können diese als Stützpunktwissen für ihre individuelle Längenvorstellung nutzen.

4.2   Evaluation der Hypothesen

Die Hypothesen werde ich im Rahmen der Beschreibung, Analyse sowie Reflexion einzelner Sequenzen der Unterrichtseinheit auswerten. Hinzu ziehe ich ausgewählte Schülerarbeiten als weitere Grundlage der Evaluation. Abschließend erfolgt eine weitere Lernstandserfassung, die mit demselben Diagnosebogen durchgeführt wird, um vergleichbare Ergebnisse zu erhalten. Um den daraus gewonnenen Ergebnissen mehr Nachdruck zu verleihen und tatsächlich den Gedankengang der Schülerinnen und Schüler beim Bearbeiten der Aufgaben nachvollziehen zu können, werden zusätzlich einzelne Interviews durchgeführt.

4.3   Intentionen und Kompetenzen der Unterrichtseinheit

Die Unterrichtseinheit dient unter anderem der Entwicklung folgender Kompetenzen:
Im Bereich der *Sachkompetenz* können die Schülerinnen und Schüler für die Einheiten *Zentimeter* und *Meter* der Größe *Längen* entsprechende Repräsentanten angeben. Des Weiteren sind sie in der Lage, Größen zu vergleichen, zu ordnen, zu schätzen und mit entsprechend sinnvoll gewählten Messinstrumenten zu messen.[19]
Ihre *Methodenkompetenz* wird durch den Einsatz der Längenwerkstatt vertieft, wobei die personale Kompetenz jedes Einzelnen gefördert wird. Denn das erfolgreiche Durch-

---

[19] Vgl. Berliner Rahmenlehrplan Grundschule: Mathematik 2004, S. 34.

laufen der einzelnen Bereiche setzt eine Bereitschaft zum eigenverantwortlichen Lernen voraus. Innerhalb der Unterrichtseinheit wird ein Wechsel der Sozialformen angestrebt, um die *Sozialkompetenz* zu fördern. Bei der Zusammenarbeit mit einem Partner sowie in einer Gruppe erweitern die Schülerinnen und Schüler ihre Teamfähigkeit, zum Beispiel, indem Konflikte selbstständig gelöst werden müssen. Parallel lernen sie, ihre Lösungswege nachvollziehbar zu begründen und sich gegenseitig zuzuhören. Indem sie versuchen, die Sichtweisen ihrer Mitschülerinnen und Mitschüler zu verstehen, kommen sie gemeinsam zu neuen Erkenntnissen. Sie kooperieren miteinander, was die Klassengemeinschaft stärkt und zusätzlich zu einer positiven Arbeitsatmosphäre führt.

Das Hauptanliegen meiner Unterrichtseinheit besteht allerdings darin, dass die Schülerinnen und Schüler der Lerngruppe eine Vorstellung der gängigen Längenmaße in ihrem Alltag bekommen. Sie sollen die Einsicht erlangen, dass sie beispielsweise beim Weitsprung nicht *drei Zentimeter* gesprungen sind, sondern vielmehr *drei Meter*. Und das können sie dann bestenfalls damit begründen, dass sie für diesen Abstand auch drei große Schritte brauchen, wobei ein Schritt stets für einen Meter steht. Es geht mir also darum, in ihnen ein Bewusstsein für die Einheiten *Zentimeter* und *Meter* der Größe *Längen* zu entwickeln. Dass dies nicht funktionieren kann, indem sie die Größenangaben verschiedener Gegenstände auswendig lernen, ist mir bewusst. Aufgrund dessen steht das Sammeln zahlreicher Messerfahrungen mit unterschiedlichsten Messinstrumenten im Mittelpunkt der Unterrichtsreihe. Dabei wird der sachgerechte Umgang beim Messen mit entsprechenden Werkzeugen sehr intensiv gefördert.

5 Didaktisch-methodische Entscheidungen

5.1 Planungszusammenhang

Stunde	1. Stunde	2. Stunde	3. Stunde	4. Stunde	5.–8. Stunde	9. Stunde
Thema	Vergleichen und Ordnen	Messen mit Körpermaßen	Die Einheit *Zentimeter* – Messen mit dem Lineal	Die Einheit Meter – Messen mit dem Metermaß	Längenwerkstatt	Lernstands-erfassung
Konkretisierung der Standards	Die Schülerinnen und Schüler vergleichen ihre Körpergröße und ordnen diese unter der Verwendung der mathematischen Fachbegriffe „größer als", „kleiner als", „gleich".	Die Schülerinnen und Schüler – lernen verschiedene Körpermaße kennen (Daumenbreite, Finger-, Armspanne, Ellen-, Fuß-, Schrittlänge); – messen mit nicht standardisierten Messgeräten (mit Körpermaßen); – gewinnen die Einsicht in die Notwendigkeit einer Einheitsgröße durch Vergleichen der Ergebnisse.	Die Schülerinnen und Schüler – benennen den Abstand zwischen zwei benachbarten Zahlen auf dem Lineal mit 1 Zentimeter; – erhalten Einsicht in die Arbeitsweise beim Messen mit standardisierten Mess-instrumenten: · Null suchen, · Gegenstand bei null anlegen, · Messergebnis am Ende des Gegen-stands ablesen; – messen mit dem Lineal und vergleichen ihre Messergebnisse.	Die Schülerinnen und Schüler – lernen die Einheit Me-ter sowie deren Bedeu-tung kennen; – messen mit unter-schiedlichen standar-disierten Messgeräten und vergleichen ihre Messergebnisse.	Die Schülerinnen und Schüler – sammeln weitere Messerfahrungen mit Körpermaßen, dem Lineal sowie dem Gliedermaßstab; – geben unterschiedliche Repräsentanten für die Einheiten *Zentimeter* und *Meter* an; – nutzen die verinner-lichten Repräsentanten für das Schätzen der unbekannten Größe eines Gegenstands.	Die Schülerinnen und Schüler – bearbeiten erneut die Aufgaben des Diagnosebogens; – beschreiben ihre gedankliche Vorge-hensweise beim Schätzen der Größe *Längen*; – greifen bei der Längenvorstellung auf Stützpunkt-wissen zurück.
Arbeits- und Sozialformen	GA: Minister und Vizeminister der Klasse durch Größenvergleich ermitteln. EA	EA: Längen mit Körpermaßen messen. PA: Ergebnisse vergleichen → gUG	gUG → EA / PA	gUG → EA / PA	EA / PA / GA	Frontal: EA
Medien und Materialien	AB 1, CD, Tafel, magnetische Kinderfiguren	AB 2, AM, Tafel	AB 3, Tafel, AM, Glieder-maßstab, Lineal, Geo-dreieck, Maßband, Messrad HA: Finde drei Dinge, die 1 cm lang, hoch oder breit sind.	Diff. AB 4, Schnur, Schere, Kleber, KV Maßband HA: Finde drei Dinge, die 1 m lang, hoch oder breit sind.	19 Stationen: AB, AM, Messinstrumente, Tippkarten, Kontrollbögen	Diagnosebogen, Anschauungs-materialien

Abkürzungen:

AB: Arbeitsbogen   EA: Einzelarbeit   PA: Partnerarbeit   GA: Gruppenarbeit   gUG: gelenktes Unterrichtsgespräch   HA: Hausaufgabe   AM: Arbeitsmaterialien

5.2 Didaktisch-methodische Konzeption der Unterrichtseinheit

Der Aufbau der vorliegenden Unterrichtseinheit zur Entwicklung der Längenvorstellung orientiert sich an der didaktischen Stufenfolge, welche ich bereits in Kapitel 2.3 näher beschrieben habe. Demzufolge dient die erste Stunde „Vergleichen und ordnen" der spielerischen Einführung in das Thema. Eingebettet in eine Geschichte durchläuft die Lerngruppe die historischen „Meilensteine" der Entwicklung von normierten Einheiten und entsprechenden Messinstrumenten. Die Schülerinnen und Schüler können ihr Vorwissen gleich zu Beginn der Unterrichtsreihe einbringen, indem sie durch aktives Vergleichen ihrer Körpergrößen den Minister (größtes Kind) sowie den Vizeminister (kleinstes Kind) der Klasse ernennen. Diese Aufgabe stellt eine angemessene Herausforderung an die ganze Klasse dar und führt zu Erfolgserlebnissen, die zum einen die Motivation fördern und in dem Fall die Gruppendynamik steigern.

In der darauffolgenden Stunde sammeln die Schülerinnen und Schüler möglichst viele Ideen, wie und mit welchen Hilfsmitteln die Größe eines Gegenstandes gemessen werden kann. Im Hinblick auf den thematischen Schwerpunkt soll der Fokus auf das Messen mit dem Körper gelenkt werden. Die einzelnen Vorschläge müssen nicht unbedingt „sinnvoll" sein, schließlich lebt die Brainstormingmethode von der Vielfalt kreativer Gedanken. Diese Sequenz ist von besonderer Bedeutung, da die Schülerinnen und Schüler hierbei die ausgewählten (späteren) Stützpunkte kennenlernen und den Umgang mit ihnen verstehen sollen.

Anschließend werden auf der Erkenntnis, dass die Menschen etwas erfinden mussten, das „gleich" ist, damit das Messen zu übereinstimmenden Ergebnissen führt, die Maßeinheiten *Zentimeter* und *Meter* eingeführt. Eine Ausstellung verschiedener Messinstrumente regt zum Entdecken und Diskutieren an. Gemeinsam werden die Eigenschaften, Besonderheiten sowie Unterschiede zusammengetragen. An dieser Stelle wird auch die Besonderheit der „Null" thematisiert und warum diese beim Messen so wichtig ist. Zunächst in Partnerarbeit, anschließend im Plenum werden die drei Schritte des Messvorgangs erarbeitet und aktiv umgesetzt. Die Körpermaße werden anschließend mit normierten Maßeinheiten in Verbindung gebracht, indem diese entsprechend vermessen und dokumentiert werden. Das Anfertigen eines Hosentaschenbuches „Meine Körpermaße" stellt dabei einen Anreiz dar, körpereigene Längenmaße im Alltag als Stützpunkte heranzuziehen.

In der umfangreichen Längenwerkstatt sollen die Entdeckungen und das erworbene Wissen angewandt und weitere Erfahrungen zum Messen gesammelt werden. Die Schülerinnen und Schüler steuern ihr Lernen selbst, indem sie sich aus dem Überangebot an Lernmöglichkeiten individuell nach eigenen Interessen bedienen. Hierbei geht es vor allem darum, die Körpermaße weiter zu verinnerlichen, um sie anschließend als mentale Messinstrumente, also Stützpunkte, abrufen zu können. Ziel ist es, dass die Schülerinnen und Schüler beim Schätzen einer Entfernung oder einer Größe eines Gegenstandes nicht mehr „sinnlos" raten, sondern den Messvorgang nur noch mental vornehmen und sich so dem tatsächlichen Wert annähern. Um zu überprüfen, ob sie realistisch geschätzt haben, dürfen entsprechende Messinstrumente eingesetzt werden. Das schult zusätzlich den Umgang mit den Instrumenten sowie das Ablesen des Wertes. Inwieweit die Schülerinnen und Schüler am Ende der Einheit diese Kompetenz entwickeln konnten, wird in einer abschließenden Lernstandserfassung sowie in vereinzelten Interviews überprüft. Aufgrund der herausfordernden Situation der Jahrgangsmischung habe ich mich nicht allein auf eine qualitative sowie quantitative Differenzierung des Materials beschränkt, sondern habe ebenso auf die Lernpatenschaften zurückgegriffen.

Als Lehrerin nehme ich während dieser Zeit verstärkt die Rolle des Lernbegleiters und Beobachters ein und übertrage zudem einzelnen Schülerinnen und Schülern entsprechend ihrem Vorwissen die „Cheffunktion" für ausgewählte Bereiche. Neben den angebotenen Kontrollmöglichkeiten und den Lernpartnern können die „Chefs" um Rat gefragt werden. Durch diese Methode werden unter anderem die soziale und personale Kompetenz sowie die allgemein mathematischen Kompetenzen *Kommunizieren* und *Argumentieren* gefördert.

5.3 Didaktische Reduktion

Aufgrund der geringen Vorkenntnisse der Schülerinnen und Schüler (vgl. Kapitel 2.3) beschränke ich das Angeben der Einheiten auf „volle" Maße, d. h., das Umrechnen einer Maßzahl in eine andere Einheit wird vernachlässigt. Lediglich die Tatsache, dass 100 Zentimeter ein Meter sind, wird thematisiert. Auch das Kombinieren zweier Einheiten, z. B. ein Meter und 25 Zentimeter, stellt keinen Schwerpunkt dar. Es erscheint mir sinnvoll, dass die Lerngruppe vielmehr Repräsentanten für ausgewählte Maßeinheiten findet und diese verinnerlicht, um ihre Vorstellung der Größe *Längen* zu entwickeln bzw. zu erweitern. Durch die Konzentration auf die ausgewählten körpereigenen Stützpunkte lässt sich nach der Durchführung der Unterrichtseinheit am besten eine Steigerung der Größenvorstellung feststellen. Weniger ist manchmal mehr.

6   Darstellung ausgewählter Unterrichtssituationen

In der zweiten Stunde hatten die Schülerinnen und Schüler die Aufgabe, auf einem Arbeitsbogen vorgegebene Gegenstände mit ihren zuvor zusammengetragenen Körpermaßen zu vermessen. Diese Aufgabe empfanden alle als sehr spannend, sodass die Arbeitsintensität sowie die Motivation entsprechend hoch waren. Nachdem alle Daten gesammelt worden waren, verglichen sie untereinander ihre Ergebnisse und kamen selbstständig zu der Erkenntnis, dass es Körpermaße gibt, mit denen sie zu ähnlichen, manchmal sogar zu denselben Werten kommen, und dass es Maße gibt, die sehr verschiedene Messergebnisse aufweisen. Das Messen mit der Fingerspanne, der Daumenbreite sowie mit den Schritten führte zu fast identischen Größenangaben bei den Schülerinnen und Schülern. Wohingegen die Werte, die mit der Elle, den Füßen und der Armspanne ermittelt wurden, sehr stark voneinander abwichen. Murmelphasen sowie eine Diskussion im Klassenverband führten abschließend zu der Begründung, dass eben diese Körperteile unterschiedlich groß seien und deswegen auch unterschiedliche Ergebnisse lieferten. Um demzufolge etwas abzumessen, sollte hierfür ein einheitliches Maß verwendet werden.

Nach der Einführung der Maßeinheiten fertigten die Schülerinnen und Schüler ein eigenes Hosentaschenbuch an, in dem sie ihre Körpermaße mit einem geeigneten standardisierten Messinstrument ausmaßen und dokumentierten. Innerhalb einer Tischgruppe wurden die gemessenen Körpermaße verglichen und ihre Erkenntnis aus der zweiten Stunde bestätigte sich erneut. Die Daumenbreite betrug bei allen einen Zentimeter, die Fingerspanne etwa zehn Zentimeter und ein großer Schritt entsprach einem Meter. Wohingegen die anderen Körpermaße unterschiedlich lang waren. Hierbei ist kritisch anzumerken, dass die Lernanfänger aufgrund ihres noch sehr begrenzten Zahlenraums beim Ablesen der Zahlen auf den Messinstrumenten auf die Hilfe ihrer Lernpaten angewiesen waren.

Des Weiteren konnte ich bei Vermessungen von Gegenständen und Entfernungen mit standardisierten Messinstrumenten den Schüler L. beobachten, wie er den Flur mit großen Schritten ablief und sich das Ergebnis *15 Meter* notierte. Er erklärte seinem Partner, dass es auf diese Weise schneller gehe, da das Anlegen des Gliedermaßstabs umständlicher sei und mehr Zeit benötige. Er begründete sein Ergebnis mit seinem zuvor gewonnenen Wissen: *„Wenn ein Schritt ein Meter lang ist, dann müssen 15 Schritte auch 15 Meter sein.“* Auch andere Schüler ermittelten auf diese Weise Größen und Entfernungen und übertrugen diese dann in normierte Maßeinheiten. Diesen Transfer

konnte ich allerdings vorwiegend bei den älteren Schülerinnen und Schülern beobachten.

In der Längenwerkstatt gab es sehr viele Aufgaben, die mehrere Leistungen von den Schülerinnen und Schülern abverlangten. Beispielsweise sollten sie bei der Aufgabe „Schätzen und messen" zunächst die Streckenlängen auf dem Arbeitsbogen schätzen, dies notieren und anschließend mit dem Lineal ihren geschätzten Wert überprüfen. Beim Bearbeiten dieser Aufgabe konnte ich beobachten, dass der größte Teil der Lernanfänger den Daumen an die Strecken anlegte und dann die Anzahl in der Maßeinheit Zentimeter niederschrieb. Wohingegen Schüler wie T. und F. es wie die meisten fortgeschrittenen Lerner machten: Sie dachten sich den Messvorgang mit dem Daumen lediglich und schrieben den Wert mit der korrekten Einheit auf. Beim Nachmessen mit dem Lineal kam es zu sehr vielen Übereinstimmungen mit den geschätzten Werten. Das Stützpunktwissen – Daumenbreite gleich ein Zentimeter – wurde von allen verstanden und genutzt. Der einzige Unterschied lag demzufolge in der Art und Weise der Anwendung. Die einen handelten noch aktiv mit dem Körpermaß, die anderen hatten dieses bereits so gut verinnerlicht, dass allein die Vorstellung ausreichte, um den Messvorgang im Kopf zu vollziehen. Zwei Schüler, M. und L., hatten allerdings eine andere Strategie. Sie legten die deutlich größere Fingerspanne an eine Strecke an und überlegten dann, wie oft der Daumen in den Zwischenraum, der sozusagen „übersteht", passe. Sie wussten, dass die Fingerspanne ungefähr zehn und der Daumen einen Zentimeter misst. Dann rechneten sie beispielsweise zehn Zentimeter (eine Fingerspanne) minus drei Zentimeter (drei Daumenbreiten) und notierten das Ergebnis *sieben Zentimeter*. Dies ist ein guter Beweis dafür, dass das Stützpunktwissen für alle eine Grundlage bildete, dass jedoch jeder individuell damit umgegangen ist, um letztendlich auf das gleiche Ergebnis zu kommen.

Des Weiteren ist mir aufgefallen, dass gerade die Lernanfänger sowie die Schülerinnen S. und L. Schwierigkeiten darin zeigten, die Länge, Breite oder Höhe von größeren Gegenständen im Klassenzimmer zunächst zu schätzen und anschließend in einer Einheit anzugeben. Beim Schätzen verwendeten sie geeignete Körpermaße, z. B. die Fingerspanne, um den Spielzeugkran zu messen. Dabei konnten sie zwar mitteilen, dass er sieben Fingerspannen hoch sei, doch die Umwandlung in die Einheit *Zentimeter* fiel den meisten schwer. Ich vermute, dass dies wieder auf den begrenzten Zahlenraum zurückzuführen ist, denn die Lernanfänger F. und T. waren durchaus in der Lage, die 70 Zentimeter zu benennen, allerdings kennen sie bereits die Zehnerzahlen bis Einhundert.

7 Gesamtreflexion

7.1 Ergebnisse der zweiten Lernstandserfassung

Zum Abschluss der Unterrichtseinheit erfolgte erneut eine Lernstandserfassung mittels des Diagnosebogens, der bereits zu Beginn eingesetzt worden war. Obwohl zwischen den beiden Tests nicht viel Zeit verstrichen war, bin ich mir sicher, dass die Schülerinnen und Schüler nicht auf ihr Erinnerungsvermögen zurückgreifen konnten, da die Aufgaben im Nachhinein weder besprochen noch aufgelöst wurden.

Dieser Test sollte überprüfen, inwieweit sich das Wissen der Lerngruppe bezüglich der eigenen Körpermaße sowie der Längenvorstellungen entwickelt hatte. Es nahmen an dieser Untersuchung 19 Schülerinnen und Schüler teil (elf Lernanfänger und acht fortgeschrittene Lerner). Bei der Auswertung der Ergebnisse konnte ich feststellen, dass am Ende der Einheit 68 % der Klasse mehr Kenntnisse über die ausgewählten Körpermaße besaßen.

Die nachfolgenden Abbildungen zeigen den Unterschied in den Ergebnissen des Schülers P.

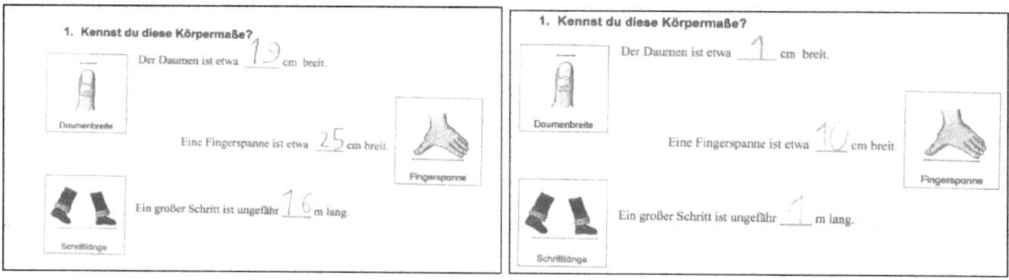

Unterschieden nach Altersgruppen haben sich acht Lernanfänger und fünf Lernende im zweiten Schulbesuchsjahr verbessert. Daraus schließe ich, dass dem Großteil der Lerngruppe die ausgewählten Körpermaße bewusst sind. Jedoch stellt sich nun immer noch die Frage, ob dieses Wissen über die eigenen Körpermaße von den Schülerinnen und Schülern verinnerlicht wurde, sodass es als Stützpunktwissen bei der Längenvorstellung für mentale Messinstrumente herangezogen werden konnte.

Die Ergebnisse der Aufgabe, bei der es darauf ankam, eine Vorstellung von der Größe *Längen* zu haben, zeigen eine Verbesserung bei 58 % der Klasse. Es erreichten fünf Lernanfänger sowie sechs Fortgeschrittene eine deutlich höhere Punktzahl als zu Beginn der Einheit. Auch wurden diesmal von allen Schülerinnen und Schülern sinnvolle Maßeinheiten angegeben. Die Abbildungen verdeutlichen die Entwicklungen der Schülerin Y.

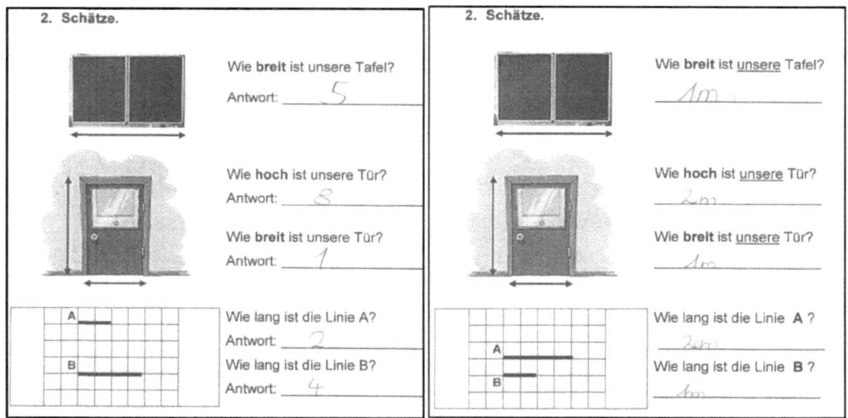

Wie die Ergebnisse allerdings diesmal zustande kamen und welche Schritte die Schülerinnen und Schüler im Kopf durchführten, um die unbekannte Größe eines Gegenstands annähernd realistisch anzugeben, dies zu erfahren bedurfte zusätzlicher Nachfragen.

7.2 Interviews

Aus diesem Grund habe ich im Anschluss an die Lernstandserfassung mit ausgewählten Schülerinnen und Schülern Interviews durchgeführt. Anhand dieser Interviews wollte ich mehr über die Denkweisen der Schülerinnen und Schüler bei der Vorstellung von Längen erfahren. Kennen sie Stützpunkte? Greifen sie auf diese zurück? Wie gehen sie vor? Und wie überprüfen sie ihre Angaben?

Interview mit der Schülerin S. (1. Schulbesuchsjahr):

L: *Schätze, wie lang die Strecke zwischen dem Schrank und dem Fenster ist.*
S: Auf alle Fälle in Meter, weil's groß ist. Ich glaube zwei Meter.
L: *Wie bist du darauf gekommen?*
S: Ich hab mir einen Meter vorgestellt und das hier ist mehr.
L: *Wie kannst du dir denn einen Meter vorstellen?*
S: Na, wenn ich einen großen Schritt mache (S. macht einen großen Schritt), dann ist das ein Meter. (…) Aber ich glaube, ich brauche doch mehr als zwei Schritte bis zum Fenster. (S. läuft weiter.) Es sind fünf Meter, weil ich fünf Schritte gemacht habe.
L: *Wie kannst du deine Schätzung jetzt überprüfen?*
S: Ich nehme mir den Messstab zum Ausklappen … äh, den Gliedermaßstab. (S. misst nach, verlängert durch Anlegen des Messgerätes.) … Zwei und nochmal zwei sind vier!
L: *Vier Schritte?*
S: Nee, vier Meter.
L: *Hm, aber du hast doch fünf Schritte gemacht und deswegen fünf Meter gesagt?*
S: Weiß nicht, das ist beim Messen mit Körpermaßen so. Das ist nicht bei allen gleich. Deswegen gibt's ja Meter und Zentimeter, die sind immer gleich.

Vor der Schülerin liegen drei Stäbe in verschiedener Länge. Zunächst soll sie diese der Größe nach ordnen und mit dem Kleinsten beginnen.

L: *Schätze, wie lang der kürzeste Stab ist.*
S: (Nickt kontinuierlich mit dem Kopf.) … Sieben … Zentimeter.
L: *Woher weißt du das?*
S: Ich hab im Kopf meinen Daumen genommen und der passt siebenmal da drauf.
L: *Und warum gibst du jetzt deine Schätzung in Zentimetern an?*
S: Na, weil mein Daumen doch einen Zentimeter breit ist.
L: *Stimmt. Miss bitte mit dem Daumen nach.*
S: (Legt Daumen an.) … Doch nur viermal, … also vier Zentimeter.
L: *Und wie lang könnte der längste Stab sein?*
S: Acht Zentimeter. Ich hab's genauso gemacht.
L: *Na, dann miss mit dem Daumen nach.*
S: Elf … Zentimeter.
L: *Gut. Überprüfe nun mit einem Messgerät, was sich dafür eignet.*
S: Ich nehme das Lineal. Also der kurze Stab ist fünf Zentimeter und der lange ist zehn.
L: *Dann hast du ja ganz gut geschätzt. Was meinst du, woran liegt es, dass sich die Ergebnisse von deinen unterscheiden?*
S: Na, weil ja die Körpermaße nicht so genau sind und manchmal rutscht man beim Messen auch ein bisschen zur Seite.

Interview mit dem Schüler M. (2. Schulbesuchsjahr):

L: *Schätze, wie lang die Strecke zwischen dem Schrank und dem Fenster ist.*

M: Ich würde sagen fünf Meter.

L: *Wie kannst du das so schnell wissen?*

M: Na, ich brauch ja nur überlegen, wie viele Schritte ich machen müsste, um bis zum Fenster zu gehen. Und ich glaube, dass ich fünf Schritte brauche. Deswegen sind es ungefähr fünf Meter, weil ja ein Schritt ein Meter ist.

L: *Das hast du gut erklärt. Dann überprüfe, ob du tatsächlich fünf Schritte brauchst.*

M: (Geht vier große Schritte.) … Nee, doch nur vier Meter.

L: *Wie kannst du deine Schätzung jetzt überprüfen?*

M: Am besten mit dem Zollstock. (Misst nach.) Sag ich doch, vier Meter (grinst breit).

L: *Na, da hast du ja super geschätzt.*

M: Ja. Jetzt find ich das auch irgendwie besser.

L: *Was genau meinst du?*

M: Na mit den Schritten, da weiß man ja ganz einfach, wie lang das ungefähr ist.

L: *Du meinst, seitdem du weißt, dass dein Schritt einen Meter lang ist?*

M: Genau. Das hilft mir total.

M. ordnet die drei Stäbe entsprechend ihrer Größen vom kleinsten beginnend.

L: *Schätze, wie lang der kürzeste Stab ist.*

M: Ich würde sagen … vier … Zentimeter, weil ich mir meinen Daumen, der ist ein Zentimeter, vorstelle und dann einfach abmesse.

L: *Dann überprüfe doch mal mit deinem Daumen.*

M: Na gut, fünfmal … also dann sind es doch fünf Zentimeter.

L: *Und wie lang könnte dann der längste Stab sein?*

M: Ich glaub, dass der zehn Zentimeter lang ist.

L: *Das heißt, du hast wieder im Kopf mit dem Daumen zehnmal abgemessen?*

M: Kann man machen, aber ich hab diesmal an meine Fingerspanne gedacht. Die ist ja zehn Zentimeter lang. Hier guck (legt Fingerspanne an dem Stab an).

L: *Interessant. Und miss doch mal mit dem Lineal nach.*

M: (Misst nach.) … Genau wie ich gesagt hab, fünf und zehn Zentimeter.

L: *Dann kannst du mir bestimmt auch sagen, wie lang der mittlere Stab ist? Und denke laut für mich.*

M: Bei dem würde ich auch die Fingerspanne nehmen und dann die Daumen abziehen. Deswegen schätze ich sechs Zentimeter (demonstriert mit der rechten Hand die Fingerspanne, mit der linken legt er den Daumen abtragend in den Zwischenraum) … sieben!

L: *Miss mit dem Lineal nach.*

M: Sieben Zentimeter, ist doch klar!

7.3 Resümee

Die Auswertung der zweiten Lernstandserfassung sowie die Interviews bestätigen das Erreichen meiner Zielsetzung. Die Schülerinnen und Schüler haben durch das Anwenden von Stützpunkten ihre Längenvorstellung entwickeln können. Gleichzeitig führte diese Entwicklung zu einem besseren Bewusstsein über die Maßeinheiten *Zentimeter* und *Meter*. Da die Lerngruppe die ausgewählten Stützpunkte gezielt anwenden konnte (Hypothese II), habe ich gleichzeitig die Hypothese I belegt, denn das Kennen und Verstehen von Stützpunkten geht der Anwendung voraus. Auch die Auswahl der Stützpunkte bewerte ich als gelungen, denn vor allem in der Schulanfangsphase bewegen sich Kinder vorwiegend auf der enaktiven Ebene, sodass der handelnde Umgang mit Material sowie mit ihrem eigenen Körper die Lernatmosphäre sowie den Zugang zum Lerngegenstand begünstigt.

Die Hypothese III kann ich jedoch nur zum Teil belegen. Dabei ging es vor allem darum, dass die Schätzungen durch die Anwendung normierter Messinstrumente überprüft werden. Diesen Schritt konnte die gesamte Lerngruppe gehen. Dennoch unterschied sie sich darin, dass die Schätzungen einiger Schülerinnen und Schülern von den Messungen sehr abwichen, was bedeutet, dass die Kenntnis über verschiedene Stützpunkte zwar vorhanden ist, deren Abbilder jedoch noch nicht vollständig verinnerlicht wurden. Das zeigte sich mir bei Beobachtungen in Unterrichtssituationen, besonders jedoch während der Interviews. Der Schülerin S. war bewusst, dass sie sich beispielsweise den Daumen vorstellen sollte, um die Länge der Stäbe bestimmen zu können. Den Daumen allerdings nur in Gedanken als Messinstrument anzulegen, gelang ihr nur vage. Erst als sie ihn direkt an den Stab anlegte, näherte sie sich an die tatsächliche Längenangabe an.

Für die Schätzung der Entfernung zwischen Schrank und Fenster wählte sie den Schritt als Körpermaß. Dass sie das Ergebnis bereits in Meter angab, verdeutlicht ihr gewonnenes Bewusstsein über Maßeinheiten. Der Transfer von den Körpermaßen zu den normierten Maßeinheiten gelingt ihr demzufolge schon ganz gut. Dennoch ist ihre Vorstellung der Stützpunkte noch nicht so verinnerlicht, dass sie diese als mentale Messgeräte verwenden kann. Zusätzlich zu bedenken ist auch die Komplexität des eigentlichen Messvorgangs. Schülerinnen und Schüler, denen das Messen an sich noch schwerfällt, egal, ob mit standardisierten oder nicht standardisierten Messinstrumenten, kann es demzufolge auch beim mentalen Messvorgang nur schwer gelingen.

Bei vielen Lernanfängern und auch bei den Schülerinnen S., L. und J. konnte ich die gleichen Beobachtungen machen wie bei der interviewten Schülerin. Sie verwenden die ausgewählten Stützpunkte, doch deren Verinnerlichung ist noch nicht vollständig abgeschlossen, sodass ihnen tendenziell erst dann eine annähernde Schätzung gelingt, wenn sie das Körpermaß aktiv an das zu messende Objekt anlegen. Sie können also die Aufgabe auf der enaktiven Ebene lösen, den Transfer in die symbolische Ebene jedoch noch nicht leisten. Diese Schülerinnen und Schüler benötigen demzufolge weitere Messerfahrungen, um sich diese schließlich auch in Gedanken zunutze machen zu können.

Das Interview mit dem Schüler M. steht für den Großteil der Schüler, die bereits das zweite Jahr der Grundschule besuchen, sowie für die Schüler F. und T. M. gelingt es durchaus, allein durch die Vorstellung der körpereigenen Stützpunkte eine Längenangabe zu machen, die an das normierte Messergebnis dicht heranreicht. Demzufolge ist der Prozess der Verinnerlichung bei diesen Schülerinnen und Schülern bereits abgeschlossen und die Körpermaße werden in der Tat als Stützpunkte für mentale Messvorgänge herangezogen.

Wie einleitend bereits erwähnt, eignen sich nicht alle Themenfelder für den jahrgangsgemischten Unterricht. Deshalb habe ich bei meinen Beobachtungen sowie bei den Lernstandserfassungen zusätzlich in Lernanfänger und Fortgeschrittene unterschieden. Während der Unterrichtsreihe gab es Phasen, in denen sich jeder individuell mit dem Lerngegenstand auseinandersetzen konnte, aber auch solche Phasen, in denen jahrgangsgemischt entdeckt, kommuniziert und argumentiert wurde. Natürlich hat jeder in den verschiedenen Situationen zum einen seine Stärken zeigen und weitergeben können, zum anderen jedoch auch mit Schwierigkeiten zu kämpfen gehabt – wie beispielsweise mit dem begrenzten Zahlenraum. Dennoch kann ich mit Überzeugung sagen, dass das Thema *Längen* aus dem Bereich *Größen und Messen* durchaus ein geeigneter Lerngegenstand für den jahrgangsgemischten Unterricht ist. Anhand einer abschließenden Daumenprobe bewertete die Klasse diese Unterrichtseinheit als interessant und gelungen. Alle waren mit kontinuierlicher Begeisterung beim Thema. Durch das differenzierte Aufgaben- sowie Materialangebot wurden die Schülerinnen und Schüler aus meiner Sicht individuell gefördert.
Auch im Sportunterricht stelle ich mit Freude fest, dass der Ball nun nicht mehr überdurchschnittliche einhundert Meter geworfen wird!

8 Literaturverzeichnis und Anmerkungen

Franke, Marianne (2003): Didaktik des Sachrechnens in der Grundschule. Heidelberg, Berlin: Spektrum Akademischer Verlag.

Grund, Karl-Heinz (1992): Größenvorstellungen – eine wesentliche Voraussetzung beim Anwenden von Mathematik. In: Grundschule 12, 42–44.

Herzig, Sabine; Lange, Anke (2006): So funktioniert jahrgangsübergreifendes Lernen. Mühlheim: Verlag an der Ruhr.

Walther, Gerd; Van den Heuvel-Panhuizen, Marja; Granzer, Dietlinde; Köller, Olaf (Hrsg.) (2007): Bildungsstandards für die Grundschule: Mathematik konkret. Berlin: Cornelsen Verlag (2. Auflage).

Nührenbörger, Marcus (2002): Denk- und Lernwege von Kindern beim Messen von Längen. Theoretische Grundlegung und Fallstudien kindlicher Längenkonzepte im Laufe des 2. Schuljahres. Hildesheim-Berlin: Franzbecker Verlag.

Peter-Koop, Andrea (2001): Authentische Zugänge zum Umgang mit Größen. In: Die Grundschulzeitschrift 14, 6–11.

Peter-Koop, Andrea (2011): Längen – ein erster systematischer Zugang zu Größen. In: Mathematik differenziert 4, 4–5.

Radatz, Hendrik; Schipper, Wilhelm; Dröge, Rotraut; Ebeling, Astrid (2007): Handbuch für den Mathematikunterricht – 2. Schuljahr. Hannover: Schroedel Verlag.

Senatsverwaltung für Bildung, Jugend und Sport (2004): Rahmenlehrplan Grundschule: Mathematik. Berlin: Wissenschaft und Technik Verlag.

Internetquellen
http://www.isb.bayern.de/isb/download.aspx?DownloadFileID=64bc1082e7f40db11a425b7eacc969a5; letzter Zugriff am 28. 01. 2012 um 23:17 Uhr.

Anmerkungen
Die Rechtschreibung erfolgte nach der neuesten, 25. Auflage des DUDEN.